DE L'ÉTIOLOGIE DU TOURNIS.

DE L'ÉTIOLOGIE

DU TOURNIS,

PAR

M. GARCIN,

MÉDECIN-VÉTÉRINAIRE, LAURÉAT ET MEMBRE RÉSIDANT
DE LA SOCIÉTÉ ACADÉMIQUE DE SAINT-QUENTIN; LAURÉAT ET
MEMBRE CORRESPONDANT DE LA SOCIÉTÉ IMPÉRIALE ET CENTRALE DE
MÉDECINE VÉTÉRINAIRE DE LA SEINE; MEMBRE DU CONSEIL
DE SALUBRITÉ DE LA VILLE DE SAINT-QUENTIN.

SAINT-QUENTIN.

Typographie et Lithographie de JULES MOUREAU, Place de l'Hôtel-de-Ville, 7.

1860

DE L'ÉTIOLOGIE DU TOURNIS.

---

§ I

Le *tournis* est une maladie du cerveau que l'on rencontre souvent chez les bêtes à laine, plus rarement chez le bœuf, et, dit-on, quelquefois sur l'homme. Il est dû à la présence dans la cavité crânienne d'un ver vésiculaire appelé *hydatide cérébrale ;* il attaque ordinairement les jeunes animaux dans la première année de leur vie, à l'âge de quatre, huit, douze et quinze mois ; on ne l'observe qu'exceptionnellement à la fin de la deuxième et au commencement de la troisième année. M. Reynal et plusieurs vétérinaires allemands assurent avoir rencontré l'hydatide cérébrale sur des animaux nés depuis quelques jours.

Le tournis se montre principalement du mois

d'août au mois de mars. Il est rare qu'il se montre isolément; c'est le plus souvent sur le tiers, la moitié ou les trois quarts du troupeau qu'il étend ses ravages.

Pour bien apprécier la gravité de cette maladie, et se rendre compte des signes par lesquels elle se traduit, il suffit de savoir que la cavité du crâne étant exactement remplie par le cerveau et les méninges, l'hydatide cérébrale ne peut se développer sans exercer sur la masse encéphalique un certain trouble. En effet, qu'arrive-t-il alors? les parties environnantes étant repoussées, comprimées, il y a gêne dans l'exercice des fonctions cérébrales; de là plusieurs symptômes remarquables: les bêtes sont tristes, mangent par saccades, grincent les dents, marchent rapidement en tournant, soit à droite, soit à gauche, selon que l'hydatide habite l'hémisphère droit ou gauche du cerveau, décrivent des cercles fort petits, enfin tombent. Couchées, elles restent là quelque temps, puis se relèvent pour chercher à manger. A cette période de la maladie, les bêtes maigrissent, et le cultivateur n'attend pas toujours ce moment pour les envoyer à la boucherie. Si on laisse la maladie suivre la marche ordinaire, il arrive quelquefois que, par le seul fait du développement de l'hydatide, les parois des ventricules s'amincissent et se perforent ; les méninges et les parois du crâne, quelque fortes qu'elles soient, subissent aussi le même sort. Le tournis est donc une maladie essentiellement mortelle, et contre laquelle l'art est impuissant.

La cause du développement du tournis a été l'objet d'opinions diverses. Les uns l'ont attribué aux combats des moutons entre eux ; d'autres à l'influence d'une alimentation et d'une stabulation particulières; celui-ci, à des vivres peu succulents ; celui-là, à une nourriture insuffisante ; enfin, autant d'auteurs qui ont traité cette question , autant d'idées qui ont été avancées. L'un d'eux avait-il rencontré le tournis dans un troupeau habitant un lieu humide? pour lui, là était la vraie cause ; un autre l'avait-il observé chez des agneaux parqués dans une saison avancée, à l'époque où les nuits sont longues, les pluies froides et fréquentes? c'est là qu'il trouvait la source de la maladie. Il va sans dire qu'il en était de même aux yeux de ceux qui l'avaient rencontrée dans des bergeries trop chaudes et mal tenues, chez des cultivateurs employant des béliers trop jeunes pour la reproduction ; l'on a même été jusqu'à l'attribuer à la constitution des moutons, à l'éruption des dents molaires, enfin à l'hérédité, pour laquelle optent les auteurs modernes.

Toutes ces causes supposent nécessairement la génération spontanée de l'hydatide, et nous ne connaissons guère qu'un seul auteur qui ait admis l'hypothèse d'un germe venant du dehors, c'est le berger Navière. Une mouche à tarière, dit-il, perfore le crâne dans les premiers temps de la vie de l'agneau, alors que les os n'ont pas acquis toute leur dureté, et les œufs qu'elle dépose constituent plus tard l'hydatide cérébrale.

Pendant longtemps, on a confondu le tournis avec une affection offrant avec lui quelques ressemblances au point de vue de la symptomatologie, mais en différant par son siége et par la nature du parasite qui la provoque; je veux parler des troubles qu'amène nécessairement chez le mouton la larve de la mouche œstre que l'on rencontre très-souvent dans les fosses nasales, dans les cornets, dans les sinus frontaux et même dans les volutes ethmoïdales. Aujourd'hui encore, tous les bergers et beaucoup de cultivateurs pensent que le tournis est dû, tantôt à la présence de l'hydatide, qu'ils désignent sous le nom de *vessie d'eau*, tantôt à celle de la larve de la mouche œstre qu'ils qualifient de *taupe*.

Certes, la science est aujourd'hui trop avancée pour que l'on puisse encore confondre ces deux affections; et cependant si l'on est fixé sur l'origine de la larve, on est loin d'être d'accord sur celle de l'hydatide cérébrale. On sait que le tournis est dû à la présence de l'hydatide. Mais comment se fait-il qu'un tel animal aille se nicher dans des lieux qui paraissent impénétrables à ses moyens de progression. Peut-il, au travers de la boîte osseuse du crâne et de tant de membranes solides enveloppant l'encéphale, s'y pratiquer une cavité, y sucer un liquide séreux, s'y gonfler au point de comprimer, de resserrer, d'amoindrir une grande partie du cerveau ? S'il s'est introduit par germe, quelle voie a-t-il suivie ? S'il se développe spontanément, quelles sont les conditions nécessaires ? Comment enfin nous expliquer la production de ce parasite singulier et dangereux dont la présence en ces lieux constitue le phénomène le plus extraordinaire que la nature offre à notre observation.

En parlant de l'étiologie du tournis, nous avons fait remarquer que toutes les causes qui ont été données comme pouvant le provoquer supposent toutes la génération spontanée. Mais doit-on, en présence d'un aussi grand nombre d'opinions disparates, accepter l'hypothèse sans contrôle? Nous ne le pensons pas, attendu que la diversité de la nature des causes alléguées ne prouve que trop l'incertitude qui règne encore sur ce point.

Et d'abord, la génération spontanée, question aussi contestable que contestée, constitue-t-elle un phénomène physiologique d'une simplicité et d'une démonstration aussi faciles que le prétend M. Pouchet? Telle n'est pas l'opinion de l'Académie des sciences, qui, après de longs et lumineux débats sur les travaux de ce savant naturaliste, n'a rien décidé à ce sujet.

Le meilleur critérium que les partisans de la génération spontanée puissent invoquer en faveur de leur système, est, sans contredit, la formation des spermatozoïdes; car dès l'instant qu'il se développe des animalcules dans chaque cellule spermatique à l'époque où les animaux deviennent aptes à la reproduction, on ne voit pas pourquoi divers entozoaires n'apparaîtraient pas spontanément aussi dans les milieux où ils trouvent les conditions d'existence.

Mais, quelqu'irréfragable que paraisse cet argument, il disparaît devant l'autorité des faits. Déjà Bojanus, J. Cloquet, E. Blanchard et Déjardin étaient arrivés par des observations minuticuses à constater que les entozoaires, vivant constamment dans d'autres animaux, possèdent des organes reproducteurs plus ou moins compliqués, et qu'ils se propagent par des œufs dans lesquels on a pu suivre le développement de l'embryon. Tout récemment, Van-Bénéden et Kucchenmeister sont venus enlever tout doute à ce sujet. Ces savants ont reconnu que le cœnure renferme des êtres qui, bien que disparates au premier aspect, ont cependant entre eux de grandes affinités d'organisation: tels que, par exemple, le *tœnia,* qui est long, aplati, à corps segmenté, et le *cœnure,* qui a la forme d'une vessie parsemée d'un nombre variable de points blancs, accusant autant d'individus reliés en une existence commune par leur adhérence à la paroi de la vessie sur laquelle ils sont implantés. Eh bien, quelque différence qu'il y ait entre ces deux formes générales, on s'est assuré, en descendant à un examen de détail, que chacun des points blancs de la vésicule du cœnure a la plus grande ressemblance avec la tête ou le premier segment antérieur du tœnia. Puis, cette similitude étant reconnue, les faits d'une observation minutieuse ont conduit à penser qu'il y avait entre le cœnure et le tœnia tant de rapports, et pour ainsi dire une telle parenté, qu'au lieu d'être absolument indépendants l'un de l'autre, leur existence, au contraire, devait être considérée comme dépendante et connexe.

Enfin, ce rapprochement a été poussé si loin que, restreignant la question à ses termes précis, les savants naturalistes sont arrivés à dire que le *cœnurus cerebralis* habitant dans le cerveau du mouton et du bœuf, et le *tœnia cœnurus* habitant l'intestin du chien, ne sont en quelque sorte que deux manifestations d'une même existence; le cœnure introduit dans l'intestin du chien pouvant donner naissance au tœnia; et réciproquement, le cœnure du mouton et du bœuf pouvant naître de l'ingestion dans le tube digestif de ces animaux du tœnia cœnurus du chien.

Avant les travaux de ces savants micrographes, quelques naturalistes n'admettaient qu'un seul tœnia rubané (le *tœnia solium* de l'homme), qui alors aurait subi de légères modifications dans ses caractères zoologiques, selon l'espèce d'animal dans lequel il se logeait; aussi considéraient-ils les *cystiques* que l'on rencontre chez les grands animaux comme des tœnias égarés et devenus monstrueux pour être venus en dehors des conditions normales nécessaires à l'existence des animaux de leur espèce. Mais Van Bénéden, Kucchenmeister et Baillet prouvent que chaque espèce possède un ou plusieurs tœnias différents entre eux par des caractères bien distincts. Ainsi, ils ont constaté que l'intestin du chien héberge à lui seul trois espèces ou trois variétés de tœnias, correspondant par les caractères zoologiques tirés de leur tête aux trois cystiques suivants : le *cœnurus cerebralis,* le *cysticernus tenuicollis* et le *cysticernus pisiformis.* Siebold en ajoute un quatrième, le *tœnia echinococus.*

Nous ne pensons pas qu'il soit nécessaire de nous occuper ici des caractères zoologiques de chaque espèce de vers rubanés, ni de ceux qui distinguent les cystiques auxquels ils correspondent; mais il nous paraît indispensable de nous arrêter un instant sur le mode de reproduction de ces différents êtres.

Van Bénéden et Kucchenmeister ont reconnu que les tœnias, à l'état de vers rubanés, occupent toujours les voies digestives des animaux vertébrés; que leur développement a lieu par la formation d'un nouvel anneau immédiatement après celui qui constitue la tête ; de cette manière, les plus anciens sont toujours à la partie postérieure de l'individu : aussi n'est-ce que sur ces derniers anneaux que paraissent les organes de la génération. Chacun d'eux porte à la fois des organes mâles et femelles, quelquefois ils sont unisexués, ainsi que cela se présente chez le *tœnia perfoliata* du cheval. Une fois fécondé, l'anneau se détache de l'animal dont il fait partie, pour vivre isolément dans les dernières portions du tube intestinal habité par ses parents, où il se meut à volonté et d'où il est bientôt expulsé avec les excréments. Van Bénéden considère chacun de ces anneaux détachés comme le dernier terme du tœnia, et les appelle *proglottis*. Les œufs qu'ils renferment sont très-nombreux (*), globuleux ou ovoïdes, d'un volume microscopique : ils sont pourvus de trois, de deux, ou plus rarement d'une seule enveloppe ; dans leur centre on observe un embryon circulaire ou ovalaire, muni de six petits crochets disposés par paires qui, à

(*) D'après Déjardin, un seul tœnia serrata peut fournir successivement au moins 200 anneaux séminifères; chaque anneau pouvant contenir environ 125,000 œufs, il en résulte qu'un seul individu peut fournir le nombre effrayant de vingt-cinq millions de germes.

l'époque de l'éclosion, lui serviront d'organes de locomotion.

L'éclosion de ces œufs n'a jamais lieu qu'au moment où ils sont arrivés dans l'estomac du mouton ou du bœuf (il est bien entendu que nous ne faisons allusion qu'au tœnia cœnurus).

Sortis de l'intestin du chien et répandus avec les excréments sur la terre, dans l'eau, sur le gazon ou le fumier des fermes, ces œufs se trouvent naturellement abandonnés aux chances du hasard, et, bien qu'ils puissent vivre très-longtemps dans cet isolement (*), il était nécessaire cependant que la nature fût prodigue à leur égard; car, ainsi abandonnés, il en est peu qui arrivent dans les lieux où ils trouvent les conditions favorables à leur développement, c'est-à-dire dans l'estomac des ruminans dont nous avons parlé; c'est dans cet organe que l'éclosion s'effectue, alors il s'appelle *proscolex*. Partant de ce milieu, il traverse les tissus au moyen des crochets dont la tête est pourvue, et arrive dans les vaisseaux, d'où, entraîné

(*) M. Baillet, professeur de zoologie à l'école vétérinaire de Toulouse, a pu en conserver vivants pendant dix-huit jours, et après les avoir laissés vingt-quatre heures dans une couche de glace de deux ou trois centimètres d'épaisseur.

par le torrent de la circulation, il se dirige vers le cerveau ; mais tous n'atteignent pas l'organe où doit s'accomplir leur transformation ; Kucchenmeister et Van Bénéden ont démontré que dans les expériences où l'on cherche à provoquer l'apparition du cœnurus cerebralis, un certain nombre de proscolex s'égarent et s'arrêtent dans les tissus des muscles, du diaphragme, de l'estomac, du cœur, etc., où ils ne tardent pas à s'enkyster, et que ceux qui atteignent le cerveau (les scolex), se développent et grossissent. Alors plusieurs têtes paraissent sur la vessie, et chacune d'elles plus tard doit constituer, une fois arrivée dans l'intestin du chien, le *strobila* qui prendra le nom de tœnia, alors qu'il sera ver rubanaire.

Ainsi, malgré la force étonnante de reproduction que nous avons vue chez le ver rubanaire, et comme si cette force était insuffisante pour garantir la conservation de l'espèce, certains cystiques peuvent encore augmenter le nombre de germes qui doivent propager ces helminthes. Cette reproduction, appelée par Steenstrop *génération alternante*, et que l'on rencontre encore chez l'échinocoque, n'a lieu chez les cystiques qu'à une certaine époque de leur développement. C'est par gemmation qu'elle s'effectue, et produit de petits cestoïdes en nombre quelquefois assez considérable. Nous ferons remarquer cependant que si, ainsi que nous l'avons déjà dit, c'est sur la face externe de la vésicule du cœnure que paraissent et sur laquelle restent attachées les têtes de tœnias, c'est à la face interne de l'échinocoque que se montrent les petits cestoïdes, de laquelle ils se détachent aussitôt pour nager librement dans le liquide albumineux de la vésicule dans laquelle ils sont renfermés.

Du reste, cette profusion de germes était de la plus grande nécessité. En effet, combien de difficultés l'œuf des vers rubannaires n'a-t-il pas à surmonter pour parcourir le cercle complet de ses migrations et de ses métamorphoses? Tantôt c'est l'état du germe qui l'arrête; tantôt c'est la constitution et l'idiosyncrasie des animaux qui le reçoivent qui lui sont contraires. Et, ne sait-on pas que chez les espèces à métamorphoses, un individu ne peut passer d'un état à l'autre qu'autant qu'il trouve les conditions favorables à son développement ultérieur, et qu'il a préalablement atteint le complet développement qu'il doit avoir dans son premier état? Qu'il faut, en un mot, si l'on peut ainsi parler, que la *larve* soit arrivée à une maturité parfaite avant de pouvoir se transformer en *nymphe;* de même que celle-ci doit à son tour être mûre avant de prendre les caractères de l'insecte parfait. Eh bien, le *scolex* et *l'œuf* du tœnia étant sous les mêmes lois, sont nécessairement exposés aux mêmes conséquences. Enfin, on a remarqué que, dans toutes les espèces, les animaux adultes paraissent opposer plus de résistance que les jeunes à ce qu'on pourrait appeler *l'intoxication vermineuse*, et que les chiens atteints de la maladie particulière à leur espèce, ne se prêtent point au développement du *scolex*.

Les professeurs de l'école vétérinaire de Toulouse voulant, par des expériences, s'assurer de l'exactitude des faits ci-dessus énoncés, ont fait parcourir aux germes du tœnia cœnurus le cercle complet de leurs migrations et de leurs métamorphoses. Voici comment ils ont procédé : dix jeunes chiens, après avoir pris des vermifuges et des purgatifs, mangèrent les scolex des cœnures recueillis sur quatre agneaux atteints du tournis. Quelque temps après, huit des carnassiers furent tués ; dans leurs intestins on trouva un nombre plus ou moins considérable de jeunes tœnias-cœnurus ; le neuvième mourut dans cet intervalle et n'offrit rien de remarquable ; le dixième fut conservé, pour servir à d'autres observations.

Ce premier travail fut suivi d'une contre-expérience : cinq agneaux pris dans un troupeau non atteint du tournis, reçurent des anneaux ou des proglottis de tœnias pris dans les essais faits sur les chiens. A l'autopsie on rencontra chez trois sujets beaucoup de cœnurus dans le cerveau, chez les deux autres l'on ne trouva rien.

Les mêmes expériences ont été depuis renouvelées sur le mouton, le bœuf et la chèvre ; toutes ont concouru à donner la certitude que le tœnia cœnurus du chien peut occasionner le tournis chez ces divers animaux.

Enfin, comme conclusion de tous leurs travaux, les professeurs de Toulouse affirment avoir constaté : 1° que dans l'espace de sept à huit jours, les jeunes tœnias peuvent être formés dans l'intestin du chien, et qu'au bout de soixante-quinze à quatre-vingt-cinq jours, ils sont assez développés pour avoir des anneaux fécondés ; 2° que quinze à vingt jours sont ordinairement nécessaires pour que les premiers symptômes du tournis apparaissent chez le mouton, et que chez quelques-uns ils se font attendre un mois et plus.

Un fait qui a aussi son importance mérite d'être cité ici : le plus souvent, on ne rencontre guère que deux ou trois cœnures dans le cerveau des moutons tournis ; eh bien, ces Messieurs ont pu en compter jusqu'à vingt, vingt-cinq et trente-trois, chez des sujets auxquels ils avaient fait déglutir un grand nombre d'œufs de tœnias (*).

Considérés au point de vue purement scientifique, les travaux dont nous venons de rendre compte offrent l'incontestable mérite de jeter un nouveau jour sur le point étiologique de quelques maladies qui sévissent sur l'homme et les animaux domestiques ; de faire connaître la nature intime et la provenance des vers à vessie que l'on rencontre si souvent et si abondamment dans l'économie des animaux de boucherie ; et enfin de restreindre le cercle au milieu duquel s'agitent les partisans de la génération spontanée. Envisagés dans leurs rapports avec l'agriculture, ces travaux ont une importance considérable, puisqu'ils assurent la conservation d'un nombre inappréciable de bêtes, représentant un capital énorme.

(*) Les médecins et les vétérinaires allemands se livrent aussi à des opérations semblables, et déjà en 1854, après avoir fait avaler des cysticerques ladriques du porc à un meurtrier condamné à mort, douze à soixante-dix heures avant l'exécution, ils ont trouvé à l'autopsie dix jeunes vers solitaires.

Ainsi, grâce aux recherches et à la patience infatigable des micrographes modernes, la science aura fait un pas de plus dans ses découvertes, et l'agriculture lui devra un nouveau tribut de reconnaissance pour l'élucidation d'une question qui, depuis des siècles, est l'objet de nombreuses recherches et de vaines méditations.

§ II

Maintenant que nous avons développé les différentes théories des auteurs tant anciens que modernes, passons aux observations et aux faits pratiques qui nous sont propres.

Déjà nous savions que quelques cultivateurs, épouvantés des ravages du tournis, avaient renoncé à l'élève du mouton. Cependant, ces animaux étant indispensables dans une exploitation, ils étaient forcés d'en acheter après le danger passé, c'est-à-dire à l'âge de 15 mois; puis, ils les revendaient pour les remplacer par d'autres. Ce procédé peut être lucratif; mais, qu'on y prenne garde, ce n'est pas impunément qu'on abandonne l'industrie de l'élève pour pratiquer l'engraissement. Déjà, on paie les bestiaux très-cher, et la viande de boucherie atteindra bientôt un prix inabordable.

Nous savions aussi que depuis la promulgation de la loi sur la taxe des chiens, ces animaux étaient diminués des trois quarts dans nos campagnes.

Or, l'absence d'agneaux, d'une part, et la diminution du nombre des chiens, de l'autre, devaient, nécessairement, dans l'hypothèse de la nouvelle théorie, amoindrir la fréquence du tournis dans nos troupeaux. En effet, nos recherches nous ont démontré que cette maladie se présente moins souvent de nos jours qu'autrefois; car c'est en 1856 que nous avions commencé nos recherches, et ce n'est qu'en 1859 que nous avons pu rencontrer un premier sujet d'observation; il nous a donc fallu plus de deux ans de persévérance pour arriver à notre but. Ce n'était pas cependant que le tournis manquât dans nos campagnes, non malheureusement; car tant qu'il faudra des chiens pour la garde des troupeaux, le service que le législateur a rendu sous ce point de vue à l'agriculture, et cela sans s'en douter, ne sera qu'un faible palliatif contre cette maladie ; mais c'est que le cultivateur, persuadé que la science était impuissante contre ce fléau, avait toujours résisté à nos instances, et refusé de nous faire l'aveu des pertes qu'il éprouvait.

Mais nous voulions arriver à un résultat ; savoir si la pratique sanctionnerait la théorie, et les faits nous manquaient. C'est alors que, aidé des observations que nous avons exposées plus haut, et en attendant que nous fussions plus heureux dans nos recherches, nous prîmes la résolution d'essayer à nous expliquer ce qui jusqu'alors avait été impossible à savoir: pourquoi le tournis se montre de préférence sur les agneaux d'un certain âge ; pourquoi sa manifestation la plus large ne s'exerce qu'à une certaine époque de l'année ; pourquoi enfin la race mérinos a le triste privilége d'en être plus victime que la race picarde, par exemple.

Nous commençâmes par étudier l'époque à laquelle naissent les agneaux, la nature de leurs tissus, puis la manière dont ils se nourrissent.

Dans notre pays, c'est dans le courant de janvier que l'agneau vient au monde, c'est aussi vers cette époque que le tournis fait le plus de ravages.

Eh bien, prenons le mouton à sa naissance, et suivons-le jusqu'à l'âge de quinze mois, c'est-à-dire jusqu'aux mois de juillet et août de l'année suivante, époque où il est en quelque sorte assuré de ne pas contracter le tournis.

Pendant l'allaitement, de janvier en avril, le tournis ne se montre pas ; rarement on le remarque dans les trois mois qui suivent. Mais à six mois, en juillet, la maladie fait déjà quelques victimes; puis elle progresse jusqu'en janvier, et diminue vers le mois de juin et juillet suivant. Eh bien, si nous disons que les œufs du tœnia et les excréments du chien avec lesquels ils sont mêlés, se trouvent refoulés sur le sol et le collet des plantes par l'eau des pluies et le piétinement du troupeau, l'on comprendra facilement pourquoi, dans le jeune âge, l'agneau ne devient pas tournis. Car alors le lait de la mère et le sommet des plantes les plus jeunes et les plus tendres que broute le jeune sujet ne contiennent pas l'œuf du tœnia. Mais lorsque l'animal est plus fort, qu'il se nourrit de la plante en broutant plus largement, plus avidement, sans faire de choix, alors le tournis apparaît dans toute sa force, puis diminue insensiblement. Que se passe-t-il ? quelle est donc la cause de la disparution même de la maladie? Voici pour nous l'explication: jusqu'au mois de janvier, c'est-à-dire lorsque l'agneau n'a pas encore un an, ses chairs restent tendres; alors le petit sujet qui vient d'éclore les pénètre et les traverse facilement. Mais une fois cette époque passée, le proscolex dont les moyens d'action s'amoindrissent à mesure que les tissus de l'agneau acquièrent plus de force et de ténacité, éprouve d'abord de la difficulté, puis bientôt après l'impossibilité de vaincre cette résistance, enfin il meurt avant d'avoir pu atteindre le terme de son voyage.

Nous avons dit précédemment que le cœnure a été rencontré chez des sujets âgés de quelques jours; voici l'explication de ce phénomène très-rare: pendant la gestation, il existe des rapports intimes entre la mère et son fruit; alors il suffit que le proscolex arrive dans un vaisseau sanguin de la mère pour qu'il puisse être charrié, en passant par l'artère ombilicale, jusqu'au cerveau du fœtus.

Nous avons dit encore que le mérinos est atteint du tournis lorsque le picard semble le défier: cette différence tient d'abord à la nature des tissus charnus qui sont plus tendres et plus délicats chez l'un que chez l'autre, et au mode de prendre leur nourriture : le premier broute la plante jusqu'à la racine, le second ne mange que la cime des herbes : or, il est facile, après les explications que nous avons données, de se rendre compte de l'espèce d'immunité dont paraissent jouir les troupeaux picards.

Nous avons dit que, malgré nos pressantes recherches, il nous a fallu un certain laps de temps pour pouvoir rencontrer quelques faits pratiques. Ajoutons que l'ignorance, la superstition et le mauvais vouloir de certains bergers nous ont souvent empêché de pouvoir recueillir des observations qui nous eussent été d'un grand secours pour démontrer la justesse du principe que nous essayons de soutenir. Enfin voici quelques faits qui, tels incomplets qu'ils puissent paraître encore, suffiront, nous en avons l'espoir, pour convaincre les incrédules et offrir quelqu'intérêt aux indifférents.

PREMIÈRE OBSERVATION.

En 1855, le berger T... entra au service du sieur C.... ; là, il trouva un troupeau atteint du tournis. Lui-même élevait alors une jeune chienne; de temps en temps il lui donnait à manger des cervelles de moutons morts de maladie ; quelque temps après, il l'employa à la garde du troupeau, lorsque déjà elle rendait avec les excréments des vers courts, blancs et plats. En 1856 et 1857, le tournis exerce des ravages tels, que le cultivateur C...., désolé, vend tous ses agneaux. A la même époque, son voisin, M. M...., avait à essuyer les mêmes pertes. A la fin de 1857, le berger est renvoyé, sa chienne l'accompagne, et en 1858, pas de tournis dans aucun des deux troupeaux.

Suivons T.... et sa chienne. Tous deux, le 7 avril 1858, entrent chez M. B...., cultivateur à M...., qui chez lui n'avait jamais eu de tournis; on parque vers la mi-août. En septembre, cette cruelle maladie fait déjà quelques victimes ; en novembre on rentre le troupeau dans les bergeries, la mortalité continue (*), et le 27 février 1859, on comptait vingt-sept décès sur soixante agneaux dont se composait le troupeau. C'est alors que je fus appelé ; je reconnus d'abord l'hydatide cérébrale; je séquestrai la chienne, qui, de l'aveu du berger, rendait des vers, et le fléau disparut pour toujours.

(*) La cour de la ferme étant très-étroite, la chienne était tous les jours en contact avec le troupeau.

Quelle conclusion tirerons-nous de ces différentes observations ? C'est que la chienne de T.... s'était inoculé le tœnia en mangeant des cervelles de moutons tournis ; que plus tard elle a propagé cette maladie dans le troupeau qui était confié à sa garde, ainsi que dans celui du voisin M. M.... (*) ; que dès l'instant qu'elle a été écartée, avec elle le tournis a disparu ; enfin, qu'elle a été porter la dévastation chez M. B...., où jamais le tournis n'avait existé ; enfin que, la chienne étant séquestrée, la mortalité a été arrêtée.

DEUXIÈME OBSERVATION.

En août 1858, le tournis se présente sur le troupeau de M. D.... F...., cultivateur à B.... Comme toujours, la maladie ne fait qu'augmenter : en janvier 1859, la moitié du troupeau avait succombé; en février, mars et avril, pas de victimes ; en mai, cinq décès; puis la mortalité cesse.

Examinons un peu ce qui s'était passé dans ce court laps de temps : Le berger F.... était chez

(*) Il suffit de savoir que l'usage du parcours et de la vaine pâture est en vigueur dans nos campagnes pour comprendre comment deux troupeaux fréquentant les mêmes lieux, sont malades, bien que la cause n'existe que chez l'un d'eux.

M. D.... F.... depuis un an, quand le tournis attaqua le troupeau ; alors il avait deux chiens dont l'un, le plus jeune, rendait des vers depuis quelque temps. En octobre, il quitte la ferme et, deux mois après, plus de malades; il a pour successeur un homme qui élevait un jeune chien, auquel il donnait des cervelles de moutons tournis. En mars, cet animal, qui rendait déjà des vers, est mis en contact avec le troupeau, et un mois et demi plus tard, la maladie reparaît. Consulté en ce moment, je fais séquestrer le jeune chien, et alors plus de mortalité.

TROISIÈME OBSERVATION.

En sortant de la ferme de D...., le berger F.... entre avec les mêmes chiens, en janvier 1859, chez M. B...., cultivateur à F.... Après avoir fait le service pendant quinze jours, les deux fidèles serviteurs sont remplacés par deux autres qui ne rendaient pas de vers. Dans le courant des mois de mars et avril suivants, M. B.... perd huit moutons du tournis, et depuis cette époque la maladie n'a plus reparu. Ainsi quinze jours ont suffi pour que huit agneaux aient été victimes de la présence du chien malade.

Aujourd'hui, 9 novembre, le tournis n'a pas encore paru sur les agneaux de l'année appartenant aux troupeaux dont il vient d'être parlé.

(*Extrait des Annales de la Société Académique de Saint-Quentin*. — Année 1859)

Saint-Quentin. — Imprimerie JULES MOUREAU, Grand'Place, 7

www.ingramcontent.com/pod-product-compliance
Ingram Content Group UK Ltd.
Pitfield, Milton Keynes, MK11 3LW, UK
UKHW021034260726
13994UKWH00005B/2152

9 782329 383811